LA TEINTVRE DE L'OR

OV

LE VERITABLE OR POTABLE,

Sa nature, & sa difference d'auec l'Or potable, faux & sophistique.

Sa preparation spargique, & son vsage dans la Medecine.

PAR IEAN RVDOLPHE GLAVBER.

Et mise en François par le S^r DV TEIL.

A PARIS,

Chez THOMAS IOLLY, Libraire Iuré, ruë S. Iacques, au coin de la ruë de la Parcheminerie, aux Armes d'Hollande.

M. DC. LIX.

AVEC PRIVILEGE DV ROY.

DE L'OR POTABLE.

Ovt le monde fçait que les vrais & anciens Philofophes, fe font eftudiez long-temps pour la conferuation de leurs fantez, & pour prolonger leurs vies, & que par le moyen du feu, ils n'ayent pratiqué la feparation de tous les vegetables, animaux & mineraux, pour en chercher leurs vertus. Et par ce moyen ils ont trouué cette grande harmonie de toutes chofes, auffi bien aux Cieux, qu'en la terre, entre le Soleil & l'or, l'homme & le vin. Car il ne fe peut nier que la vie de toutes chofes, ne procede de la chaleur du Soleil ; c'eft pourquoy ils ont tafché de ioindre l'or, qui eft le premier corps de la terre, le plus fixe & le plus parfait, à caufe des rayons du Soleil, auec l'homme, par le moyen de l'efprit du vin.

Mais par hazard il s'en trouuera qui fe fentiront offenfez de cette narration, defignant que l'or foit le fils du Soleil, ou vn corps metalique fixe & parfait procedant des rayons du Soleil, demandant comme quoy les rayons immateriels du Soleil, peuuent eftre faits corporels & materiels : Mais ils font grandement ignorans de la

A ij

generation des metaux & des mineraux ; & quoy que ie n'aye pas pris la resolution d'écrire en cét endroit de la generation & origine des metaux, neantmoins pour monstrer qu'il y a vn esprit viuifiant du Soleil dans l'or, détruit & volatilisé, lequel veut estre preparé en tres-excellente medecine pour l'homme ; ie ne veux pas laisser en arriere pour satisfaire aux ignorans & incredules, de monstrer la verité, par vn ou deux exemples, encore que ie le pourrois monstrer par tres-certaines & viues raisons ; mais à cause de la briefueté, ie suis resolu de passer outre, recommandant à ceux qui rechercheront les secrets de la nature, & les proprietez des metaux, mon traicté (de la generation des metaux) lequel les tirera sans aucun doute hors de tout scrupule, obiectant seulement à ceux qui s'oposent à la vetité, ces deux questions & raisons qu'ils ne sçauroient refuter. La premiere est, d'où vient cette augmentation de la qualité & quantité qui se trouuent dans toute liqueur visqueuse minerale, qui a esté exposée long-temps au Soleil dans vn vaisseau de verre ouuert. Ie demande si elle vient du Soleil ou d'ailleurs? Mais tu me diras que cette augmentation prouient de l'air qui est la veicule de toutes choses. Ie répons, si elle vient de l'air, cét air n'a-t-il pas esté empreint par le Soleil; Et y a-t-il quelque chose dans l'air qu'il ne reçoiue des estoilles? mais place ou mets cette liqueur dans vne caue froide & humide, & tu verras par experience qu'elle n'augmente pas en poids comme elle fait au Soleil, ou à son defaut au feu, cette liqueur

attirera quelque flegme , lequel est aisément
separé par la chaleur , ne prestant que le seul
poids de la premiere liqueur. Cecy se peut voir
par cét exemple , dissouts quelque metal soul-
freux , comme ♂, ♀, ou zain , auec quelque
esprit acide; & à la fin tirer en l'esprit. Fais rougir
ce qui reste , non pas trop, mais autant qu'il est
necessaire pour en tirer l'esprit : apres obseruē
bien le poids & le mets dans vn creuset au feu.
Prens bien garde que le metal ne fonde , mais
seulement qu'il soit obscurement rouge auec le
creuset par l'espace de trois ou quatre semaines:
ce fait tire-le hors , & pese derechef ton metal,
& tu trouueras éuidemmēt que ton metal a aug-
menté , ce que tu aperceuras plus facilement par
la voye suiuante; mets du ♀ ou autre metal soul-
freux , auec 16. ou 18. parts de ♄, dans vne coupelle bien bruslée , faite de cendres de bois , ou
os, & la mets dedans vne fournaise d'essay. Le
poids de la coupelle , ♀ & ♄ estant bien obser-
ué, & fais que le ♀ s'éuapore par le feu auec le
♄: ce fait prens la coupelle estant froide & la pese derechef, & tu trouueras que la coupelle surpasse son premier poids, quoy que beaucoup de
♄ soit allé en l'air par la coupelation, mesmes
il surpasse le poids du ♄ & du ♀, par ladite cou-
pellation; c'est pourquoy on demande auec rai-
son , d'où vient cette augmentation : sçauoir si
la chaleur du feu ne s'est pas coagulée en corps
metalique par le moyen de ce metal fondu. C'est
pourquoy il est probable que si tu connoissois
la matrice metalique dans la fournaise de la
terre, dans laquelle les rayons du Soleil, & la

chaleur du feu estant receu peuuent estre coagu-
lez, les metaux pourroient estre aussi bien en-
gendrez en eux, comme dans les entrailles de la
terre.

Tu me répondras, il est probable que le feu
vulgaire peut auoir quelque chose de metalique
en luy; ce qui se fait par l'attraction du metal
fondu dans la coupelle, mais il ne se peut aux
rayons du Soleil.

Celuy qui voudra faire l'experience de la verité, qu'il mette la coupelle bien cuite aux
rayons du Soleil, auec le ♀ & le ♄, auquel il
faut opposer vn miroir bruslant, afin que tu
puisses ramasser les rayons du Soleil à son cen-
tre, & que par ce moyen il le puisse chaufer, il te
faut tenir continuellement le miroir à la main,
afin de le pouuoir tourner selon le cours du Soleil, autrement la coupelle se raffroidiroit, les
rayons du Soleil ne donnant pas dessus; mais si
tu obserue droitement ton trauail, il se fera aussi
bien que dãs vne fournaise auec la chaleur du feu

Il te faut auoir vn miroir bruslant qui ait pour
le moins deux pieds de diametre, & qui ne soit
pas trop profond, mais qu'il ait seulement en
profondeur la 18. ou 20. partie du globe, afin
qu'il puisse mieux ietter les rayons dans le cen-
tre. Pour la preparation dudit verre bruslant, il
n'est pas necessaire d'en faire la description icy,
mais elle sera baillée dans la quatriesme Partie
de mes Fourneaux, auquel lieu nous ne mon-
strerons pas seulement la façon de le faire des
metaux, mais aussi de verre, & le moyen de les
polir.

Cette demonstration n'auroit point esté mise en auant n'eust esté pour faire connoistre comme quoy l'or procede du Soleil, & qu'il est se-
cretement imbu des ses vertus & proprietez,
& que par la chymie, il peut estre reduit en la
mesme chose qu'il estoit auparauant sa coagulation, particulierement en vn esprit chaud &
vif, communiquant ses vertus & facultez au
corps de l'homme. C'est pourquoy les anciens
ont vsé d'vne grande diligence à la fonte de ☉,
en laquelle ils n'ont rien trouué de plus excel-
lent que le pur esprit de vin tiré par distilation, & ils ne se font point seruis de ☉ commun
fondu, tiré hors des pierres ou laué hors du sa-
ble, mais purgé par le benefice du feu, & phi-
losophiquement viuifié, non par l'aide d'aucun
esprit corrosif qui est la voye commune des
Chymistes ordinaires, mais auec vne eau que
la nature donne volontairement sans le secours
d'aucune distilation violente par laquelle il est
manifesté, ce qui est caché en ☉, & caché ce
qui est manifeste ; c'est pourquoy ils l'ont rendu propre pour separer sa teinture, d'auec vn
corps gros, noir & superflu : car ils ont connu
que le corps compacte de ☉ n'a point d'affini-
té auec les esprits vitaux, c'est pourquoy ils
n'ont choisi que la plus pure partie de ☉, pour
faire leur elixir, qui est sa teinture, laquelle ils
ont radicalement iointe auec l'esprit de vin, &
estant ioints les ont rendus spirituels & volatils;
si bien qu'ils ne peuuent iamais estre separez
l'vn de l'autre par le feu, & estant au feu ils sont
sublimez ou fixez, par vne longue decoction,

& coagules en vne pierre fixe, ce qu'ils tien-
nent pour le plus grand trefor du monde : c'eſt
pourquoy les anciens Philoſophes affirment
qu'il n'y a point de meilleure medecine ſous le
Soleil que celle-cy, qui eſt faite par l'vnion phi-
loſophique du vin auec ☉, tous deux eſtant vnis
par vne coagulation & fixation inſeparable : car
il ne ſe peut faire vne medecine de l'eſprit de vin
ſans ☉, ny de ☉ ſans eſprit de vin, à cauſe que
☉ ne ſe peut rendre volatil ſans eſprit de vin,
ny l'eſprit de vin ne peut eſtre coagulé & fixe
ſans ☉, c'eſt pourquoy nous ſuiuons iuſtement
l'opinion de ces grands perſonnages, non pas à
cauſe de leurs authoritez, mais par vne demon-
ſtration occulaire, qui eſt la vray eſpreuue.

C'eſt pourquoy la connoiſſance & la preparation de cette medecine m'eſtant donnée du
tres-haut, ie pretens à cauſe que l'homme n'eſt
pas nay pour luy ſeul de donner briefuement
ſa preparation & ſon vſage, mais ie ne veux pas
ietter les perles deuant les pourceaux, mais i'en
veux ſeulemẽt montrer le chemin aux eſtudieux,
& qui cherchent le trauail de Dieu & nature ; &
ſans doute ils entendront mes écrits, mais non
pas vn ignorant & qui n'eſt point expert, c'eſt
pourquoy la briefueté de la preparation n'of-
fenſe perſonne, à cauſe que ie n'entens pas de
proſtituër cét art diuinement obtenu, non pas
auec orgueil & méchanceté, mais auec beaucoup de veilles, peines & trauaux, n'eſtant don-
né aux indignes, mais ſeulement aux gens pieux,
& ils verront à yeux ouuerts, que la verité eſt
telle. C'eſt pourquoy ie deſire que la ſimplicité

de mon langage n'offense personne, n'estant
adonné à des figures rethoriques comme l'or-
dinaire façon : car la verité ne manque pas de
bonnes paroles, se contentant de la simplicité &
briefueté, par laquelle il est mieux & plus aisément demonstré que par ces discours sophisti-
ques.

Auparauant que ie monstre la preparation,
ie veux briefuement décrire les qualitez d'vn
vray Espagirique qui entreprend vn si grand
trauail afin que chacun s'examine soy-mesme,
qui prend ce trauail sur luy: car il ne suffit pas de
connoistre comme il faut faire le feu, ou distiler
l'eau des vegetables, mais la veritable connoissance des fruicts aussi bien des élemens supe-
rieurs que des inferieurs, particulierement la
pieté.

N'estant grand parleur, mais beaucoup de
connoissance fait le Chymique, car il n'y a
point d'homme qui puisse dénier qu'il y a long-
temps, & par plusieurs années, que cét art est
cherché, mesme iusqu'au iourd'huy, auec beaucoup de trauail & despense, mais trouué de peu:
ie ne m'estonne pas aussi de ce qu'vn si grand
don de Dieu n'a esté communiqué qu'à fort peu
de Chymiques modernes: car excepté quelques-
vns, tout le reste est allé par vn chemin contraire ; car les vns se confient en leurs richesses,
croyant l'aquerir par violence, à cause qu'ils
peuuent faire de beaux laboratoires, entretenant
beaucoup d'hommes, ayant nombre de vais-
seaux minerals, & charbons, ne considerant ce
que dit l'Apostre.

Il y en a d'autres ausquels toute leur science consiste en diuers langages, pour estre honorez par ces longs discours, s'attribuant à eux-mesmes toute la science, se persuadans qu'ils ont tous les elemens en leurs becs par leur sagesse supposée, ou par leur estude ; ne considerant pas la parole de Christ, tu l'as reuelé aux petits, & l'as caché aux sages, & entendus eux-mesmes, qu'ils voyent croistre l'herbe, & ne connoissent pas la terre sa mere, ausquels si tout ne réüssit à leur plaisir, ils n'ont point de crainte de blasmer ces pieux Philosophes, & les accuser de fausseté, afin de couurir leur ignorance, en disant que l'art est faux, mais ils iugeroient bien la chose autrement s'ils connoissoient le sens occulte des Philosophes ; mais à cause qu'ils sont aueugles par leur presomption, il n'est pas merueilles si au lieu de la noix, ils ne prennent que l'escorce ; & ainsi ne paruiennent point à leur fin desirée.

La troisiesme sont ces gens auares, cherchant des biens aupres de ces charlatans, qui sont aussi ignorans de la chymie & de la nature, comme ceux à qui ils montrent ; n'ayant nulle connoissance des mineraux ny metaux, ny n'entendent le trauail des Philosophes ; auec lesquels si on dispute de la nature & proprieté des metaux, ils ne sçauent répondre autre chose, que ce qu'ils lisent ou entendent dire. Il est écrit ainsi & y auons procedé de mesme, & il nous y faut proceder ainsi ; & cette matiere nous est necessaire & non autre, se tenant ferme sur la lettre, ne considerant pas si l'autheur du procedé est expert ou non, pour voir si ses écrits sont par experience ou par la lecture d'autres Liures ; & bien qu'on leur donnast vne veritable & ingenieuse information de la nature, la connoissance des metaux & mineraux, & secrets chymiques, ils ne le voudroient pas coire, méprisant la verité, l'estimant folie, à cause de la simplicité du trauail, qui n'est ny de fatigue, ny de despense ; les esprits auares recherchent les richesses, & toutefois ils dépensent en certains procedez de nulle valeur, les cent ou mille'escus, supposant que l'art s'achepte à pris d'argent, ne considerant pas que le marchand se veut reseruer vn bon & asseuré art pour luy-mesme, & ne cherche point l'vtilité des autres.

Ie ne dénie point qu'il n'y ait quelques Artistes qui possedent quelques secrets ou choses trouuées par leurs experiences, ou qui leur ont esté monstrées par quelque amy, lequel ne sçauroit trauailler à cause de sa pauureté ; & par ce moyen il est obligé de demander l'assistance des autres: car les biens & l'experience ne vont pas tousiours ensemble : Ceux-là sont secourus par le riche, qui s'asseurent sur la benediction diuine.

Mais il faut auoir cette premiere precaution pour cela, de peur que vostre fruict ne s'auorte dans le temps de la moisson, Y a-il quelqu'vn si aueugle qui ne reconnoisse pas les ruses de ces auares, quoy que le Soleil par la faueur du Ciel illumine tant les méchans, que les bons ? Il est pourtant inoüy que les Philosophes ayent fait bruit de leur vray secret, & qu'ils l'ayent voulu

vendre, comme ces vendeurs de bagatelles. Il
faut principalement admirer que les plus fages,
les plus doctes, & plus prudens de ce fiecle, fe
font voulus laiffer tromper par ces fols & charlatans.

La quatriefme forte de curieux, font gens de
differente condition, ne cherchant ny profit, ny
honneur, faifant tout pour la gloire de Dieu, &
l'vtilité de leur prochain, fe contentans d'vn
honefte entretien, qui ne font point fuperbes ny
glorieux, mais pieux & honneftes, aimant mieux
manier des charbons, que porter des bagues
d'or aux doigts, qui ne frequentent que peu de
perfonnes, obferuant le filence dans les fecrets
de la Nature, cherchant & trouuant par la grace
de Dieu, ne fe confiant point aux écrits des anciens Philofophes, mais en Dieu qui apprend
toutes chofes, duquel la mifericorde eft auffi
bien à prefent, comme elle eftoit lors des anciens Philofophes, lefquels obtenoient la fcience par ardentes prieres à Dieu : La fcience vient
à telles perfonnes au dela de toute efperance,
auec la methode & l'vfage.

C'eft pourquoy tous ceux qui defireront trauailler en cette fcience, doiuent s'examiner
eux-mefmes, parce qu'à ceux qui ne font pas du
nombre de ces derniers, les richeffes, l'eloquen-
ce, & fcience imaginaire, ne leur feruiront de
rien, d'autant que ce trauail eft vn feul don de
Dieu, & non d'aucun homme. Ayant donc enfei-
gné les proprietez du veritable Moiffonneur des
fruicts de l'arbre d'or, ie veux maintenant com-
mencer la preparation de la teinture de ☉ par

la main d'vn bon Artiste, & veux faire voir la difference de la vraye teinture d'auec la fausse, & l'vsage de la vraye teinture de ☉ en medecine pour guerir beaucoup de maladies, comme s'en-suit.

R. ☉ vif vne part, & trois parts de ☿ non du vulgaire, mais du philosophique, qui se trou-ue partout sans aucuns frais ny trauail : il te faut aussi prendre de l'argent qui soit vif, égal poids à ☉, & en verité meilleur que le seul ☉ : car la grande varieté des couleurs procede du meslan-ge du masle & de la femelle ; s'il y a quelqu'vn qui soit persuadé que la teinture sera meilleure auec ☽ seul, il le peut faire auec ☉ seul : mais vn homme experimenté aux metaux ne le fera pas, d'autant qu'il connoist le pouuoir de l'vnion cordiale, qu'il y a entre ☉ & ☽ dissouts dans vn mesme menstruë, estant meslez ensemble ; mesle-les dans vn vaisseau philosophique, pour dis-soudre, & en l'espace d'vn quart d'heure ces me-taux meslez seront dissouts radicalement par le ☿, & seront de couleur de pourpre ; apres augmente ton feu par degrez, & ils donneront vne belle couleur verte, laquelle tu tireras hors, & y mettras de l'eau de rosée pour le dissoudre ; ce qui se fera en l'espace de demy heure : Filtre la dissolution, & en tire l'eau par l'alambic au bain, sur lequel tu mettras de nouuelle rosée, & la tire derechef par le bain reiteré par trois fois, & dans ce temps cette couleur verte, se tournera en vne couleur noire, comme encre, & puante comme vne carcasse, & partant tres-odieuse & sale. Or il faut quelquefois tirer l'eau, & en re-

mettre & digerer, & cette noirceur & puanteur
s'en ira en l'espace de 40. heures, & te produira
vne blancheur comme laict, laquelle apparoif-
fant, il te faut tirer, hors toute l'humidité, tant
que la chofe foit feiche, lors il te reftera vne
maffe blanche, laquelle en peu d'heures par
vne lente chaleur, & apres qu'il a paru di-
uerfes & plaifantes couleurs, il fe change-
ra en tres-beau verd plus beau que le premier, fur lequel tu verferas de l'efprit de vin
rectifié, qui furnagera de deux ou trois doigts;
& cét ☉ verd qui eft diffout, attirera à foy l'efprit de vin à caufe de leur grande amitié; de
mefme qu'vn efponge feiche attire l'eau & luy
communique fon ame auffi rouge que du fang;
& par ce moyen cette verdeur eft priuée de fa
viuifique teinture, & fe meurit en couleur rouge, laiffant le fuperflu du corps en cendre.

Il te faut tirer par inclination, l'efprit teint
& le filtre, puis par l'alambic de verre au bain
tu feras l'extraction de l'effence ignée de l'efprit
de vin, hors de la teinture rouge, afin qu'ils
foient infeparablement ioints enfemble, &
pour cét effet, tu verras qu'il n'en fortira qu'vne
eau incipide, la vertu de l'efprit de vin eftant
demeurée auec la teinture de ☉ femblable à
vn fel rouge & bruflant, fufible & volatil, duquel vn grain peut teindre ʒj d'efprit de vin,
ou autre liqueur, en vne couleur rouge comme fang, car elle fe diffout dans toute chofe humide; c'eft pourquoy il peut eftre gardé en fub-
ftance liquide, pour la panacée aux maladies
es plus defefperées; à prefent ie veux com-

muniquer les proprietez de la veritable teinture, par laquelle le veritable ⊙ potable eſt connu. Cette reinture eſt apres la pierre des Philoſophes la meilleure de toutes les medecines, entre leſquelles deux, il n'y a que cette difference, c'eſt que l'ame de ⊙ eſt volatile, & n'a point
d'entrée dans les metaux imparfaits, c'eſt pourquoy il ne les peut tranſmuer en pur ⊙, laquelle vertu eſt attribuée à la ſeule pierre des Philoſophes, d'autant que l'ame de ⊙, encore
qu'elle ſoit la meilleure partie, neantmoins elle
n'eſt pas fixe au feu, ains volatile, mais la
pierre des Philoſophes eſt fixe, & ſouſtient le
feu, par la raiſon qu'elle a demeuré plus long-
temps en digeſtion : or de vous dire ſi cette ame
ou teinture volatile ou lyon rouge peut eſtre
fixe par le feu, & reduit en la medecine vniuer-
ſelle, ou pierre teignante; ie n'en ſçay rien,
d'autant que ie ne l'ay point éprouué, &c. c'eſt
pourquoy celuy qui aura tiré l'ame de ⊙, peut
eſſayer plus outre, pour voir s'il trouueroit quelque choſe de meilleure, car ce trauail n'enſei-
gne que la meilleure medecine de ⊙, mais d'autre choſe ie n'en ſçay rien.

Par là eſt reconnuë la tromperie de ces Diſti-
lateurs de vin, & autres eaux des vegetables,
pour ⊙ potable; & ils ne font pas honteux de
vendre aux ignorans à vn grand prix, de l'eau
colorée de iaune ou de rouge. Comme auſſi
l'erreur des autres qui diſſoluent le corps de ⊙
auec eau royale, ou eſprit de ſel, duquel ils en font
apres l'extraction, pour auoir vne poudre ſeiche
laquelle n'eſt pas extraction, mais vne particu-

liere diſſolution de O, par le moyen des eſprits
corroſifs qui ont reſté dans O, teignant l'eſprit
de vin d'vne couleur iaune, & eſtant ainſi colo-
ré, ils l'appellent leur O potable ; & neantmoins
il eſt derechef reduit en O ; l'eſprit de vin en
eſtant extraict, lequel ne peut faire dauantage
que toute autre chaux O ; & que l'archée ne
ſçauroit digerer ; mais eſtant indigeſte, il le iet-
te auec les eſcremens. Il y en a d'autres qui tom-
bent dans vne grande erreur, ſe trompant lour-
dement eux-meſmes, & les autres auſſi croyant
l'extraire hors de O en chaux, auec de particu-
liers menſtruës & eſprits, ne connoiſſaut pas
que le menſtruë infuſé ſur O, deuient rouge de
luy-meſme par vne longue decoction, lequel
ils ſeparent par inclination, & le donnent pour
O potable : que s'ils peſent la chaux, ils trou-
ueront par experience que O n'a point dimi-
nué de ſon poids, dont ſi tu veux faire l'experience, mets ton eſprit ou menſtruë à vne douce
chaleur, ou long-temps au froid, & tu verras
que de luy-meſme il deuiendra rouge, tout ainſi
que s'il auoit eſté auec O en chaux ; mais la cauſe de cette rougeur leur eſt inconnu, ce n'eſt
autre choſe qu'vn certain ſel nitreux & volatil,
comme ſel armoniac, vrine, le tartre, corne de
cerf, cheueux, &c. exaltant la couleur de quel
ſoulfre que ce ſoit.

C'eſt pourquoy il faut neceſſairement que
cela s'en enſuiue ; car ſi les Artiſtes meſlent auec
l'eſprit de vin, dans lequel eſt caché vn certain
ſoulfre, quelqu'vn de ces ſels qui exaltent, il
ſera exalté en couleur, & deuiendra rouge, ce qui
arriue

arriue auſſi à ceux leſquels ont accouſtumé de
tirer les teintures auec des huiles diſtilées, qui
ont vn ſel volatil , comme ſont les huiles ou
ius de limons, giroffles , canelle, &c.

Car telles teintures ou O potable , n'a point
d'efficace comme l'experience le certifie; ie
ne veux pas dire que la teinture de O ne ſe puiſſe
tirer que par cette voye , car eſtant diſſout dans
des menſtruës doux en ſorte qu'il n'en puiſſe
eſtre ſeparé par precipitation , il peut faire de
merueilleux effets dans les plus grandes maladies , mais il faut touſiours choiſir des metaux
vifs & non des morts.

Certes le vray O potable n'eſt pas en ce qui
eſt à la veuë ou au nom , comme diuerſes eaux
teintes d'vne couleur iaune , ou rouge , mais il
faut qu'il ait les vertus & facultez en luy , telle-
ment qu'il paroiſſe que veritablement il eſt fait
de O , ne ſe pouuant toutefois plus reduire par
le feu en or , eſtant ſpirituel , penetrant , forti-
fiant , reſtaurant les eſprits vitaux , afin qu'ils
puiſſent vaincre leurs ennemis. Il faut auſſi
qu'il ait cette vertu , qu'il change les metaux
imparfaits , principalement ☿, ♄, & ☽ en pur
O, non pas comme vne teinture fixe , mais les
perfectionnant ſeulement, particulierement par
la voye humide en digeſtion , dans laquelle vne
part du metal tant ſeulement eſt changée en
mieux. Car cette teinture ou ſel O eſt extreme-
ment volatil , par ainſi il ne peut reſiſter au feu,
mais auec vne chaleur douce il ſe fond comme
de la cire, & ſe ſublime comme vn ſel rouge , qui
ſe diſſout dans l'eſprit de vin, pour eſtre propre

aux vſages de la Medecine.

Auſſi le veritable O potable eſtant gouſté,
n'eſt ny corroſif, ny aſtringant, comme les autres ſolutions O, ny ne tache point les mains,
les ongles, ny les cheueux de couleur noire ou
iaune, au contraire les rend plus beaux, & il
n'infecte point le ♀, ♂, ♃, ♄, d'aucune roüil-
le ou couleur noire, au contraire les rend plus
nets ; il n'eſt point auſſi vn corps O, qui puiſſe
eſtre reduit par extractiõ, ny en O blanc, qui recouure ſa premiere couleur par ☿, & par l'eau
royale, mais il eſt comme vne terre de cire, qui ſe
ſublime à vne chaleur douce comme l'arſenic, ne
pouuant ſouſtenir l'examen de la coupelle : ſi la
teinture a leſdites vertus, elle peut eſtre appel-
lée veritable ; mais ſi elle ne les a pas, ce n'eſt
qu'vn O potable ſophiſtiqué, qui doit eſtre mé-
priſé.

L'vſage de cette Medecine O.

Nous auons cy-deuant fait voir que le Soleil eſt l'origine de O, ou doüé des in-
croyables vertus du Soleil terreſtre ; car la force
& vertu de tous les vegetables, animaux & mineraux, eſt en luy, leſquelles ne peuuent eſtre mon-
ſtrées que par les Philoſophes, & ce par la ſepa-
ration des parties intrinſeques & pures, d'auec
les impures.

Ce diſcours te ſemblera peut-eſtre incroya-
ble ou non vray-ſemblable, de dire que O ſe
peut reduire en vne eſſence ſpirituelle, qui ſoit
agreable à la nature humaine, ayant la vertu

de tous les animaux, vegetaux & mineraux, cer-
tainement celuy-là ne sera iamais persuadé, lequel Vulcan n'a pas rendu Philosophe : mais qui
est celuy qui se veut donner tant de peine que de
vuider toutes les controuerses, quoy qu'il fut
possible auec des raisons que ie passe icy sous si-
lence pour cause? Pour toute asseurance ie ren-
uoye le lecteur à la seconde Partie de mes Fourneaux, où il trouuera comme quoy hors de ☉, &
du soulfre par vn bon Chymique, & par l'assistã-
ce du feu, on peut tirer non seulement la force
& les facultez de diuers vegetables; mais encore
leur odeur naturelle, laquelle ne se montroit
pas auparauant qu'ils fussent dissouts radicalement; laquelle chose se pouuant faire auec quelque fetide & imparfait mineral; pourquoy donc
ne se pourra-elle pas faire auec vn mineral meur
& parfait ?

Si nous estions bons Naturalistes & diligens
Chymiques, nous n'aurions pas besoin de rem-
plir les laboratoires de tant de pots & de tant de
boëtes, ny de faire tant de despense, pour aller
chercher tant de medecines estrangeres, parce
que les vertus & les proprietez de tous les vegetaux, animaux, & mineraux, rassemblés en peu
de siuets peuuent estre trouuées plus facilement.
Et comme la vraye teinture d'O bien fixe, est
imbuë de toutes les vertus de tous les vegetables,
animaux, & mineraux ; la force de guerir toutes
maladies luy est iustement attribuée ; mais auec
difference ; car il y a diuerses sortes de gouttes
aux pieds & aux mains, aussi de la pierre & de la
lepre, lesquelles sont quelquefois si inueterées,

qu'elles font incurables ; & quelquefois auſſi
nouuelles & curables. C'eſt pourquoy ie ne pro-
mets pas de guerir indifferemment toutes ſortes
de maladies, par aucune medecine : car il n'y a
point d'homme qui le puiſſe, quand bien il auroit la pierre des Philoſophes.

Souuentefois la pierre de la Veſſie eſt rompuë
& miſe en pieces, quoy que tres-dure & indiſ-
ſoluble auec eau forte, laquelle aucune medecine corroſiue ne peut diſſoudre. Et quoy qu'il y
en ait quelques-vns qui attribuent ce pouuoir
à leur medecine, ils ne ſçauroient pourtant le
faire. Car ce n'eſt pas aſſez de promettre, d'autant que nul ne la ſçauroit accomplir, & les pro-
meſſes deuiennent debtes ; à quoy peu de gens
prenent garde. C'eſt pourquoy la verité eſt op-
primée par les ennemis de l'art. Il eſt donc meilleur de faire plus qu'on ne promet, & le trauail
fera eſtimer celuy qui le fait, comme quoy peut
vne medecine penetrer aux parties extremes du
corps, ſçauoir les mains & les pieds, & diſſoudre vne matiere coagulée & endurcie, laquelle
eſtant hors du corps ; il n'y a point de medecine
corroſiue qui la diſſolue. C'eſt aſſez que la medecine trouuant vne matiere de ſel viſqueuſe &
tartareuſe, qui ne ſoit point coagulée, la diſſolue,
& la détruiſe. La meſme choſe faut-il entendre
de la pierre dans les reins ou dans la veſſie, & par
cette maniere ie veux décrire la curation de la
goutte aux mains & aux pieds, de la pierre dans
les reins ou dans la veſſie, auec ma teinture O
auſſi bien aux vieux qu'aux ieunes. Mais il eſt
neceſſaire d'adminiſtrer de ſpecifiques catarti-

ques, & des bains extrinseques pour disposer la cure, afin que la nature puisse plustost faire son office. Mais sur toutes choses il faut considerer la diuine prouidence ; car souuentefois Dieu nous afflige de maladies qui sont incurables par l'art. Si premierement il n'est appaisé par humble repentance, qui est la meilleure de toutes les medecines. Ie diray aussi la cure des maladies qui prouiennent de la corruption du sang, comme la lepre, la verole & autres impuretez, sont gueries par cette teinture : si auec cela vous administrez les catariques & diaphoritiques, modifiant & renouuellant le sang, par dessus toute autre medecine, cette teinture guerit aussi toutes obstructions du foye, de la rate, des reins, & autres parties, à cause qu'elle échaufe, attenuë, incise, & éuacue l'origine de diuerses maladies, elle guerit aussi toutes les maladies violentes & aiguës ; comme epilepsie, peste, fievre, &c.

Elle prouoque le flux aux vieilles femmes, & aux ieunes, principalement si on s'en sert au dehors ; par laquelle voye on en guerit plusieurs qui periroient miserablement. Elle échauffe & nettoye la matrice par dessus toute medecine, & la rend propre à faire son deuoir ; la preserue aussi de toutes sortes d'accidens, qui causent la sterilité & autres grandes maladies, qui causent la mort : elle détruit les eaux de l'hydropisie par les vrines, elle rarefie & seiche l'humidité des humeurs superflues de l'exterieur & interieur, de mesme que le Soleil seiche & consomme les eaux : par elle le corps recouure sa premiere vigueur. Il n'est pas necessaire de traiter plus am-

plement des autres maladies, dautant qu'on
se peut seruir indifferemment de cette medecine
pour leur guerison, comme d'vne medecine vni-
uerselle.

La dose est depuis gr. 3. ou gouttes iusques à
12. ou dauantage; mais aux enfans depuis 1. 2. ou
3. auec son propre veicule, ou bien auec du vin,
ou biere, en prenant iournellement: laquelle
dose doit estre prise par plusieurs fois en vn
iour, considerant la force du malade.

Tu ne te dois point offenser des reproches
que font les calomniateurs de ce Liure, dont le
diable qui est le pere de mensonge, est le seul
autheur, croyant que le temps est proche, auquel
à la fin ces boucs seront consommez par la cole-
re diuine comme paille; la brebis n'estant pas
endommagée; car ils recompensent leur man-
ger à leur maistre, par leur laict & par leur laine.

Sur cela ie finis auec l'esperance que i'ay d'a-
uoir satisfait mon prochain: car sans nul doute,
quiconque se seruira bien de cette medecine O,
il s'en trouuera fort bien, principalement s'il
leue son cœur à Dieu, duquel nous deuons in-
cessamment implorer la misericorde.

FIN.

www.ingramcontent.com/pod-product-compliance
Ingram Content Group UK Ltd.
Pitfield, Milton Keynes, MK11 3LW, UK
UKHW010916160726
13695UKWH00007B/2594